발라당 고양이들

“발라당” 자세란?

동물이 편안할 때 배를 하늘로 향하고
잠이 드는 모습을 말합니다.

\ 요런 모습도, 저런 모습도… 모두 발라당! /

\ Wow! Wonderful! /

이 책은 세계 최초 '발라당 사진집'

일본 전역에 살고 있는 가족들이 촬영한
'발라당' 냥이들이 등장해 마음을 녹입니다!

등장하는 고양이들은 다양한 자세를 취하고 있는데, 이것은 절대 억지로 만든 것이 아니라 오히려 편안하다는 증거입니다. 매우 안심하고 있을 때만 보이는 귀중한 모습을 사랑스러운 시선으로 감상해 주세요!

작은 행복을 부르는 고양이 인형

당신에게 소중한 행복을 선사합니다.

시즈오카에 사는 다무

나는야 문지기 고양이

"자, 지나가 보라냥."

도코에 사는 아포로

어묵인 줄 알았어요.

배를 보이면서 놀자는 듯.

사이타마에 사는 자코

“나랑 같이 낮잠이나 자자냥”

때로는 한가롭게 지내자고요.

시즈오카에 사는 구소

능청스러운 발라당

집에 돌아오니 이 녀석이 죽은 척을 하고 있네요.

오키나와의 소즈쿠

마당에서 데굴데굴

"햇볕이 기분 좋다냥."

에히메에 사는 고네코

오드아이

캣타워에서 공연 중♪

아이치에 사는 산고

매일매일 연습을
빠뜨려서는 안 된다냥!

행복한 기분♡

기분 좋은 듯 잠이 푹 들었어요.

야마구치에 사는 쇼

길에서 잠들다

침대까지 못 가고 탈진한 것 같아요.

아이치에 사는 아나고

“나랑 놀아줄 거냥?”

작은 몸으로 응석을 부리는 벵골 특유의 무늬와 꼬리를 보세요.

지바에 사는 야마토

상자 아가씨

마음에 드는 나만의 방이라네요.

도쿄에 사는 고무기

꿈쩍도 않고 쌔근쌔근

너무 릴렉스해서 흐늘흐늘합니다.

도쿄에 사는 지로루

“응? 어쩌라고?”

옆에 앉아서 얘기해 봐!

시즈오카에 사는 오리

어른으로 변신!

미래로 들어서는 순간입니다.

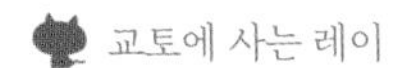
교토에 사는 레이

“실례합니다냥♪”

식탁 위에서 떼를 써도 귀여우니 참아야겠죠!

니가타에 사는 모모

남매 둘이 발라당

코가 간질간질하지만 괜찮아요.

잠이 든 미소 천사

생후 3개월의 작은 몸에 귀여운 미소가.

도쿄에 사는 메루

"조심하라냥!

앉을 땐 뒤를 꼭 확인해주세요.

오사카에 사는 무기

웃는 얼굴의 삼 형제

왠지 즐거워 보이는… 꿈속에서도 함께 놀고 있을까요?

도쿄에 사는 시리, 제스로, 엘

Episode

발라당 고양이 사진집 탄생의 계기!

'발라당'이라는 귀여운 네이밍! 그리고 마음이 치유되는 그 모습에 감동한 것이 이번 프로젝트의 발단이었습니다. 편저자인 스무조가 "발라당 누운 고양이를 모아 사진집을 만들자"고 SNS에 알리자 방방곡곡에서 많은 사진이 도착했습니다. 이 즐거운 프로젝트는 약간의 설렘과 작은 호소문에서 시작된 것이었습니다.

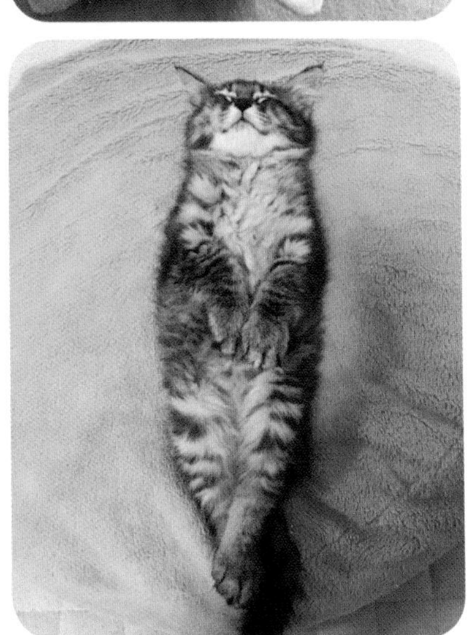

구름 위의 댄스파티

꿈속에서 춤추고 있나 봐요.

후쿠오카에 사는 기나코

근력운동 중

막 잠에서 깬 모습. “좀처럼 일어날 수 없다냥.”

에히메에 사는 피카오

키보드를 베개 삼아

"이 각도, 최고다냥!"

지바에 사는 미야비

SONY

아빠와 네 형제의 낮잠

사이좋게 장난치면서 자고 있네요.

시즈오카에 사는 다이손, 사라다, 파르콘, 고텐, 아테나

"으랏차차냥!"

손을 들고 무방비 상태로 자고 있어요.

사이타마에 사는 마메키치

큰대자로 자는 냥이

이불 사용법을 아주 잘 알고 있네요!

기후에 사는 후쿠

영화 감상하는 중

다리를 껴안고 영화에 몰입하고 있습니다.

오사카에 사는 레오

오빠와 여동생

임시 보호 중인 냥이와 친절한 오빠 족제비가 사이좋게 낮잠 중입니다.

효고에 사는 부쿠와 모모코

"밥 안 줄 거냥?"

밥 달라고 부엌에서 조르는 중입니다.

가나가와에 사는 린

“기분이 좋다냥”

하늘에라도 닿을 듯한 기분♪

오사카에 사는 루나

빙그르르

놀고 있을 때는 이런 모습으로!
예측 불가능한 행동에 하루하루가 웃음으로 가득합니다.

오키나와에 사는 라이온

"엄마의 사랑을, 잘 먹겠습니다!"

임신한 채 보호소에 들어와 집에서 출산했어요.
육아 중인 엄마 냥이야, 힘내!

교토에 사는 하치 (임시보호 중인 어미)

"그저 웃자냥!"

혀를 내밀고 냐하하~ ♪

교토에 사는 스미레

포동포동 해달 냥이

배가 포동포동한 해달 같아요.

지바에 사는 라라

사랑의 터치 ♡

언제나 붙어 있고 싶다고.

후쿠오카에 사는 하니오, 무기, 고다로

온몸으로 이야기해요

"놀러 와~, 하지만 조물조물 만지기만 해보라냥."

교토에 사는 미

놀다 지쳐서 잠이 든 냥이

밀크티 색의 짧은 다리가~♡

도쿄에 사는 벨

“형아가 너무 좋아”

자상한 형과 딱 붙어있어요.

기후에 사는 레이와 루카

사이즈가 딱!!

딱 맞는 크기에 만족스러워요.

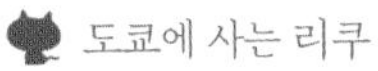

Episode 행복은, 눈사람처럼!

처음 모집을 시작한 당시에는 하루 조회 수도 응모 수도 아주 적은 수였지만, 입소문을 타면서 점점 많은 사진이 속속 도착하기 시작했습니다. 후보 작품을 SNS에 게재하면 수천 개의 '좋아요!'를 받는 인기 냥이도 등장했어요. 독특한 포즈에 웃고 감탄하며 약 1년 동안의 공모 기간도 막을 내렸습니다. 전체 응모 수는 개와 고양이를 합쳐 약 1만 점에 이르렀습니다.

"안녕히 주무시라냥"

고양이가 베개를 베고 낮잠을 자는 중.

오사카에 사는 루시

"요즘 어때?"

그런 자세로 묻는 거니…?

아이치에 사는 다로페

행복한 시간♪

사이좋게 둘만의 낮잠 시간.

홋카이도에 사는 가트레아와 루이스

"고양이 부장님한테 혼난다냥!"

태어날 때부터 외모는 부장님.
일은 직원에게 맡기고 별 좋은 날은 낮잠이나 자는 게 최고라고!

도쿄에 사는 부쵸

고릉고릉 퓨우~

집사보다 바른 자세로 잠을 자네요.

사이타마에 사는 고보

고양이 나베

보글보글 끓고 있어요!

미에에 사는 지마키

“앗, 찾았다!”

찾아 헤맨 끝에 욕조에서 발견했어요!

가나가와에 사는 멜

참치 같은 포즈

불룩한 배가 포획된 참치 같아요.

사이타마에 사는 고무기

"이야~"

창가에 누워 기지개를 켜며 졸고 있어요.

이바라키에 사는 투투와 미리

행운을 부르는 마네키네코 실사냥이

"놀아 달라는 게 아니라 놀아 주고 있다냥~♪"

홋카이도에 사는 이쿠라

애교 뿜뿜~♡

미소에는 아무도 못 당해요.

 와카야마에 사는 무기

해먹 타는 냥이

중넌 아저씨 같지만 숙녀랍니다.

구마모토에 사는 기나코

나이키!?

자면서 승리의 포즈를, 그 로고와 똑같네요!?

가나가와에 사는 후

이 자세는 C!

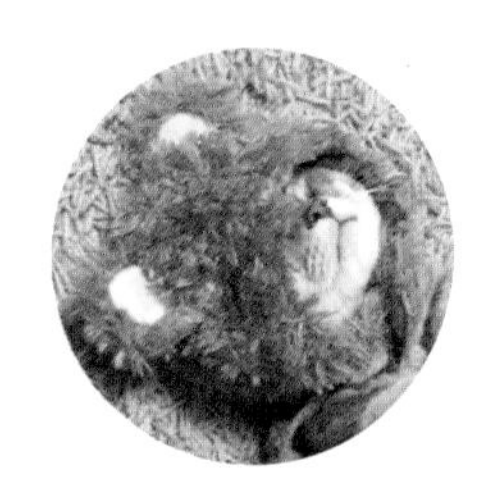

바닥에 굴러떨어진 왕자님

우리 집 왕자님은 장소를 불문하고 어디서든 잘 자요.

도쿄에 사는 톰

왜 그래? 무슨 생각 해?

아침에 일어나니 이런 모습으로 앉아 있네요.

구마모토에 사는 다이요시

자면서 대답을

이제 막 가족이 되었어요. 행복한가요? “아주 행복하다냥♪”

홋카이도에 사는 유키

고양이를 망치는 소파

함께 TV를 보고 있어요.

나가노에 사는 고란

“침대가 작다냥”

쑥쑥 크다 보니 바구니가 점점 좁아지네요.

나라에 사는 무스

카메라와 눈맞춤

이름을 부르자 포즈를 취해 주었어요.

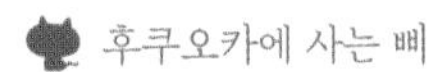 후쿠오카에 사는 삐

Episode

사진 선정의 기준은?

채택된 사진의 선정 기준은 무엇이었을까요? 사랑스러움 말고도 독특한 표정과 포즈가 결정적인 이유였습니다. 초점이 맞지 않거나 조명이 어둡고 해상도가 낮은 경우는 아쉽지만 선정을 하지 못했고요.
SNS를 통해 응원해주신 여러분의 '좋아요!'와 공유 수, 댓글 내용도 반영했습니다.

다리가
뻐근하다냥

직립부동의 자세로 취침 중

짧은 다리를 모은 채 깊은 잠에 빠졌네요.

오카야마에 사는 멜루모

"찰싹 붙자냥"

너무 좋아해서 조금이라도 가깝게…

에히메에 사는 모코와 챠오

장난감 삼매경

온몸을 뻗어 필사적으로! 혀까지 나왔네요.

지바에 사는 고코로

상자 속의 사나이

"최고의 장소를 찾았다냥. 너도 들어올래?"

아이치에 사는 로쿠타

늦잠꾸러기

짧은 다리를 쭉 펴고 늦잠을 자는 중.

가나가와에 사는 엘

터널 속에서

놀다가 그만 잠이 들어버렸습니다.

후쿠오카에 사는 고테츠

밖에서 보니
이 모양!

하트를 띄우며

작은 하트로 커다란 행복을 전합니다.

에히메에 사는 반

편안한 스타일

거실 바닥을 굴러다녀요~

아이치에 사는 텔

"우후후~~"

자는 동안만큼은 즐거운 일만 생각하기로-♬

니가타에 사는 후

어리둥절한 냥이

"엥? 모두 왜 거꾸로 있는 거냥?"

도쿄에 사는 기

“앞으로도 쭈욱~ 함께”

임시 보호 중인 갈색 냥이 형제. 안심했는지 발라당 하고 있네요. 기적적인 만남에 감사할 따름입니다.

사이타마에 사는 지쿠와와 기나코

발라당 누워 있다가 벌떡 일어서기!

팔랑거리는 끈 때문에 그만 반사적으로 날아올랐어요.

호카이도에 사는 푸린

니야옹~

너무 편해서 마냥 늘어져 있네요.

이시카와에 사는 우타마로

네가 신부님이니?

깃을 올린 신부처럼 하고는 기분이 좋은지 그대로 잠이 들어버렸어요.

지바에 사는 톰

입 모양이 하트?

"거꾸로 보면 내 입이 하트다냥."

사이타마에 사는 사리

특A급 저격수. 실제로는 허점투성이지만요.

우리 집의 치유 고양이

붙임성이 좋아 언제나 볼록한 배를 보이면서 부비부비하지요.

오키나와에 사는 가키노하나나리

사이좋게 하이 파이브

손을 마주 잡고, "잘자~♡"

오사카에 사는 고나츠와 유즈

이렇게 무방비 상태라니

"힘이 다 빠졌다냥! 관절도 녹는다냥!"

효고에 사는 기누

호빵 냥이

얼굴도 손도 몸도 복슬복슬 둥글둥글.

도쿄에 사는 루

Episode

최종 선정!

모든 응모 사진이 훌륭하고 매력적이어서 사진의 최종 선정에 어려움이 많았습니다. 계속되는 심의를 거친 끝에 일반인에게도 인기투표를 해서 결정을 하게 되었어요. 이렇게 세계 최초의 '발라당 고양이' 사진집이 완성된 것입니다!

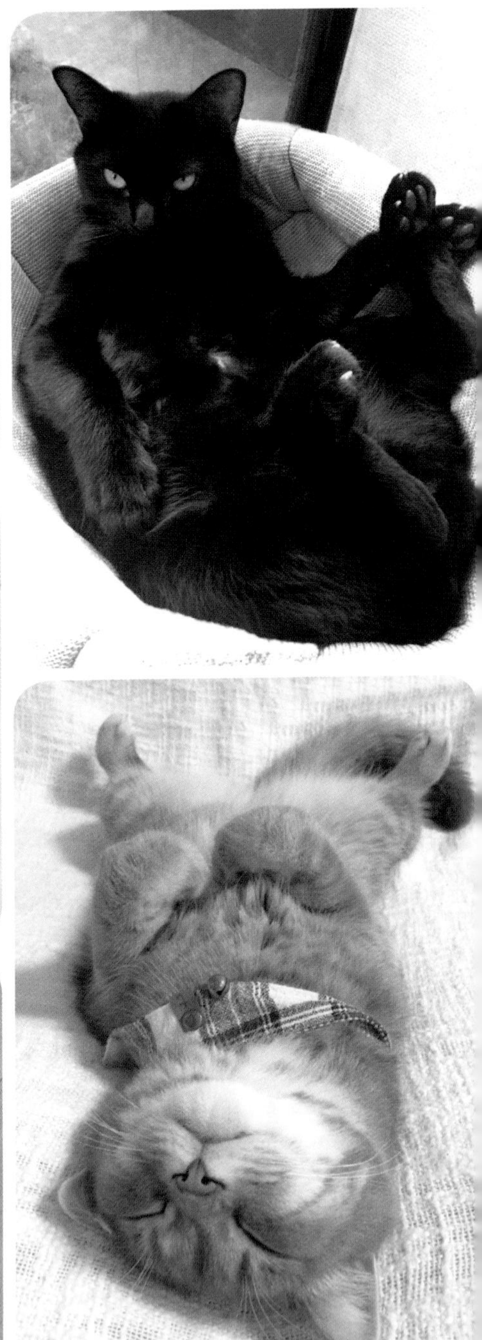

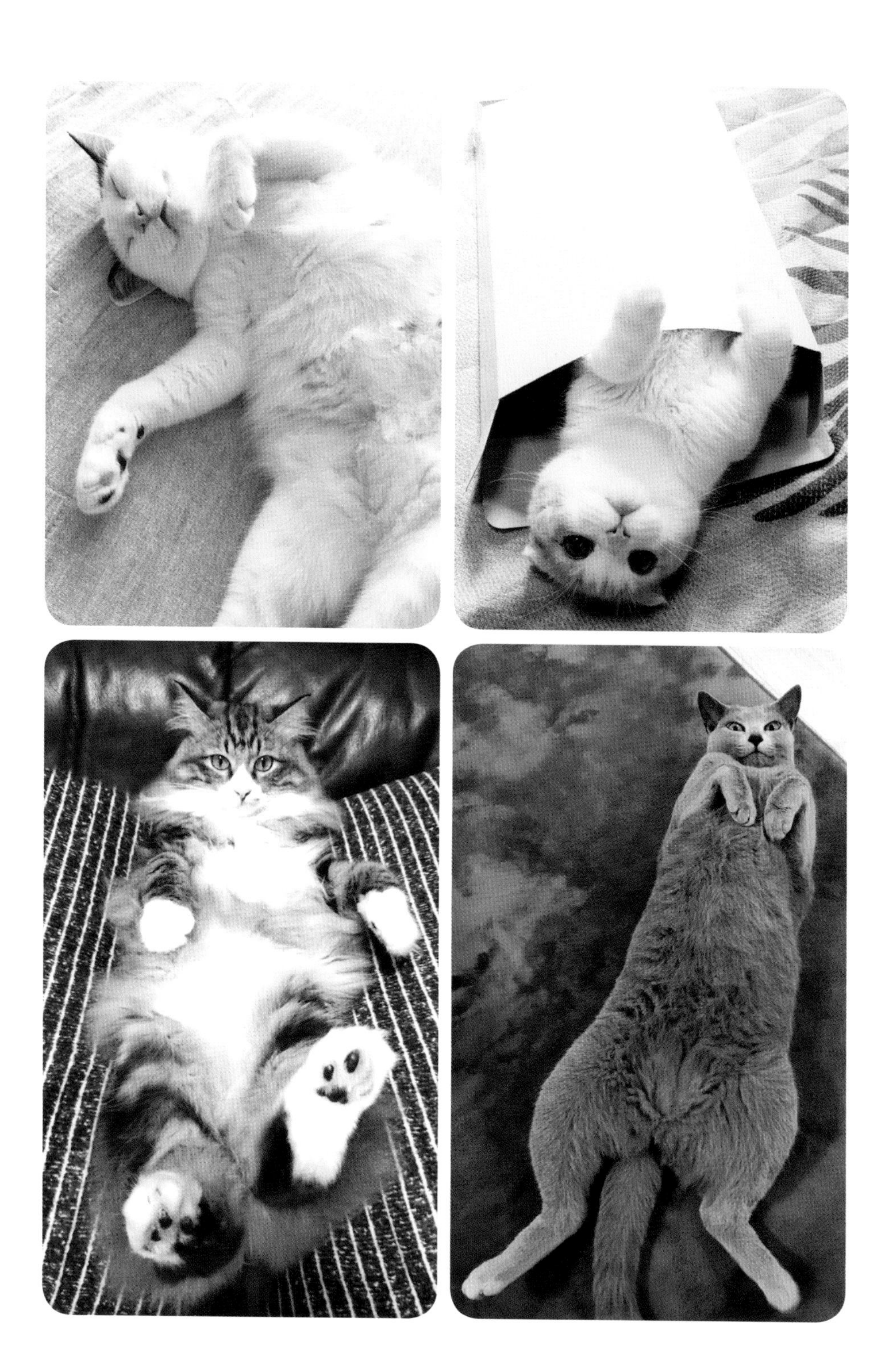

요가 냥이

발라당 자세에도 정도가 있는데 이건 거의 연체동물 수준.

오사카에 사는 코코

가끔
소파 틈새에
끼어 인사를.
안냐앙~

"이리 오라냥"

같이 놀자고 손짓하네요.

가나가와에 사는 아즈키

사람인가??

건방지고 웃긴 냥이입니다.

카가와에 사는 나가쵸차차마루

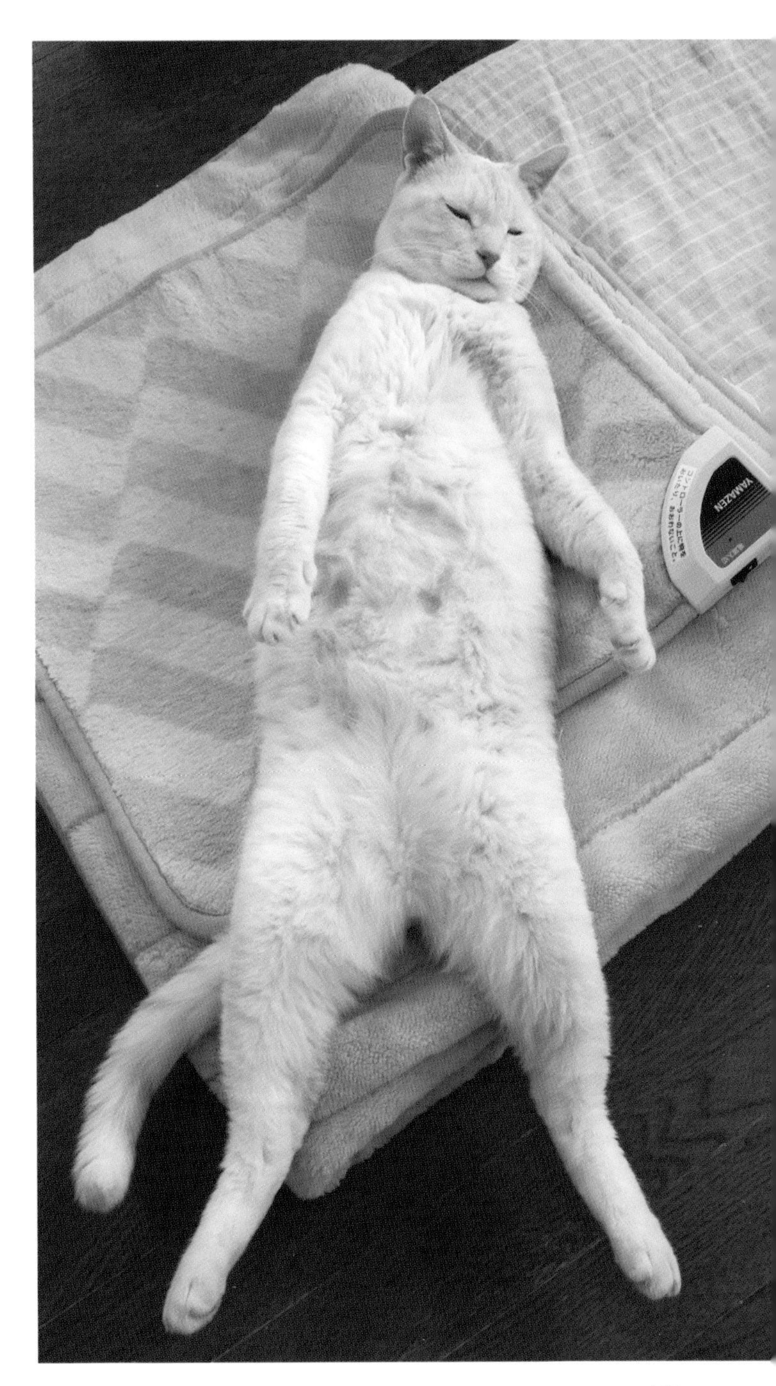

“후아~냥.”

낮잠을 자며 하품을 느긋하게~

야마구치에 사는 하루

빙그르르

목이 걸리지 않게 조심!

이와테에 사는 무사시

발라당 곡예의 왕자

아기 고양이일 때부터 발라당 자세가 특기임.

도쿄에 사는 아란

살그머니 다가가서…

초집중한 모습이 너무 사랑스러워요.

도쿄에 사는 후쿠마루

관심 없는 척...

... 계속 틈새를 엿보다가

발라당 누워서
계속
곁눈질하며...

잘
먹겠습니다!

“어디 한번 지나가보라냥”

양팔을 벌려 출입구를 막고 있어요. 매일 즐거운 하루네요♪

나가사키에 사는 뮤

나만의 흰색 비키니

"힐끔거리고 쳐다보지 말라냥!"

가나가와에 사는 고하쿠

“엥?”
왜 그러는데?
지바에 사는 호노카

“헛!”
봐 버렸나 봐!!

"어라? 뭐다냥?"

카메라로 들어가겠네~

홋카이도에 사는 기나코

쭉쭉 늘어납니다

주특기인 포즈입니다.

시즈오카에 사는 고마치

"눈부시다냥!"

"조금만 더 자게 내버려 두라냥."

오사카에 사는 아쿠아

왕이 된 기분♪

"어려워 말고 가까이 오라."

도쿄에 사는 고로

마음을 나눈 친구

"나눌 수 있다는 건 좋은 거다냥~."

도쿄에 사는 우즈라

폭신폭신

까만 점이 있는 배를 만져 주면 너무 좋아해요!

에히메에 사는 하니마루

“하이♪ 어서 오세요~♪”

몸을 만지면 싫어하지만 배는 맘대로 쓰담쓰담 해도 좋다네요.

가나가와에 사는 챠오

극강의 릴렉스

짧은 팔다리를 사람처럼 가지런히
이 자세가 좋은가 봐요.

나라에 사는 라무네

“나도 들어갈 거다냥!”

욕실에 들어가면 늘 따라와서 계속
쳐다보며 기다려요. 하지만 물을
무서워해서 젖으면 도망간답니다.

오카야마에 사는 사쿠

Episode

임시 보호 중인 고양이 이야기

생명의 수만큼 드라마가 있습니다. 임시로 위탁을 받은 분들이 촬영한 보호 중인 고양이 사진을 모아봤습니다. "처음 집에 왔을 때는 삐쩍 말라서 겁을 먹고 벌벌 떨었는데, 이제는 발라당 하고 누울 만큼 안심하고 있어요!"라는 소식에 감동의 눈물도 흘렸지요. 사랑스러운 고양이를 통해 치유를 받으면서 동시에 하나뿐인 목숨을 지켜주기 위해 무엇을 할 수 있을지 생각하게 됩니다.

발라당 듀엣

두 녀석이 우다다다 하느라
녹초가 된 뒤의 모습.

오사카에 사는 우즈라와 히지키

자칭 아이돌

"카메라가 너무 좋다냥!"
카메라를 똑바로 보면서 찍어주기를 기다리고 있네요.

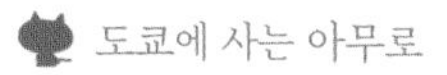
도쿄에 사는 아무로

도로롱처럼

이런 자세가 편안한 듯.

후쿠시마에 사는 고로네

아저씬가!?

벽에 기댄 채 파김치 모드…

미에에 사는 시로베

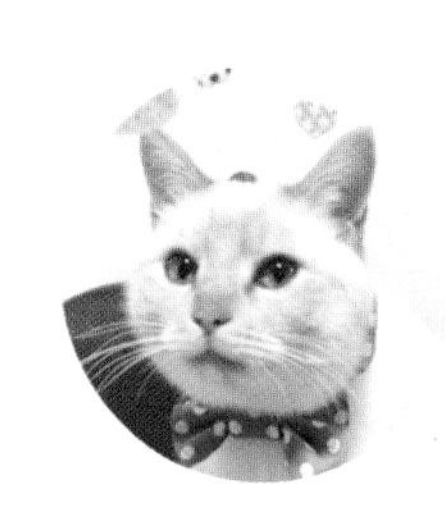

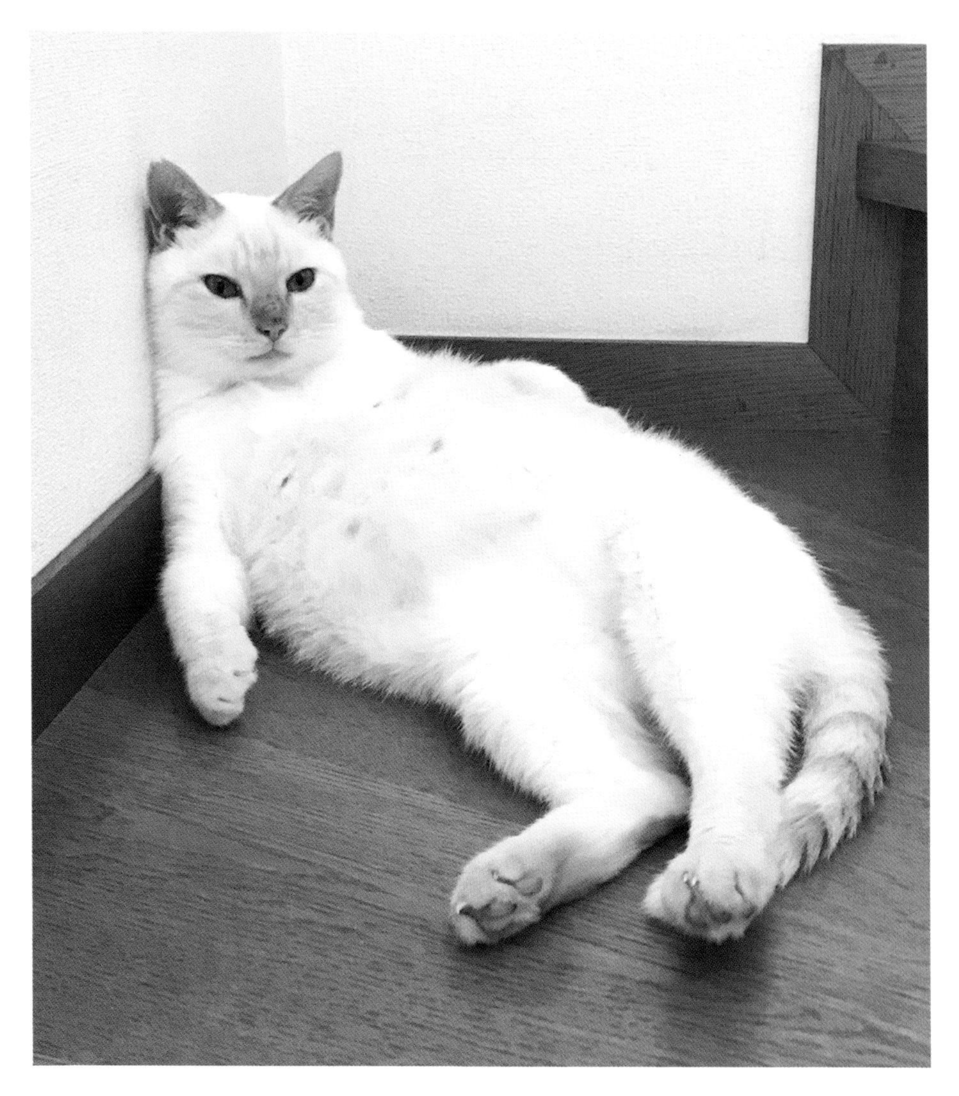

있는 그대로

자기 모습 그대로를 보여주네요~♪

가나가와에 사는 미칸

하늘은 넓고 파란데~

모르는 것이 많아요~ ♪

후쿠오카에 사는 시라스

무방비 상태의 낮잠

평소에는 우아한 공주님의 방심한 자태.

오사카에 사는 아즈키

발라당 천사

무슨 꿈을 꾸고 있는 걸까요?

니가타에 사는 가구라

이렇게 컸다냥!

Episode

모두가 함께 만든 지상 사진전!

멋진 사진집은 세상에 많지만 이 '발라당 고양이' 사진집은 전문 사진작가라도 쉽사리 만들 수 없는 것이었습니다. 물론 기획자인 제 힘만으로도 완성할 수 없는 것이었지요. 가족 앞에서 편안한 모습을 보여주는 고양이들, 그리고 각지에서 참여한 여러분과 함께 감동을 나누며 만든 것이랍니다. 그렇게 해서 이 특별하고도 멋진 사진전이 탄생했어요.

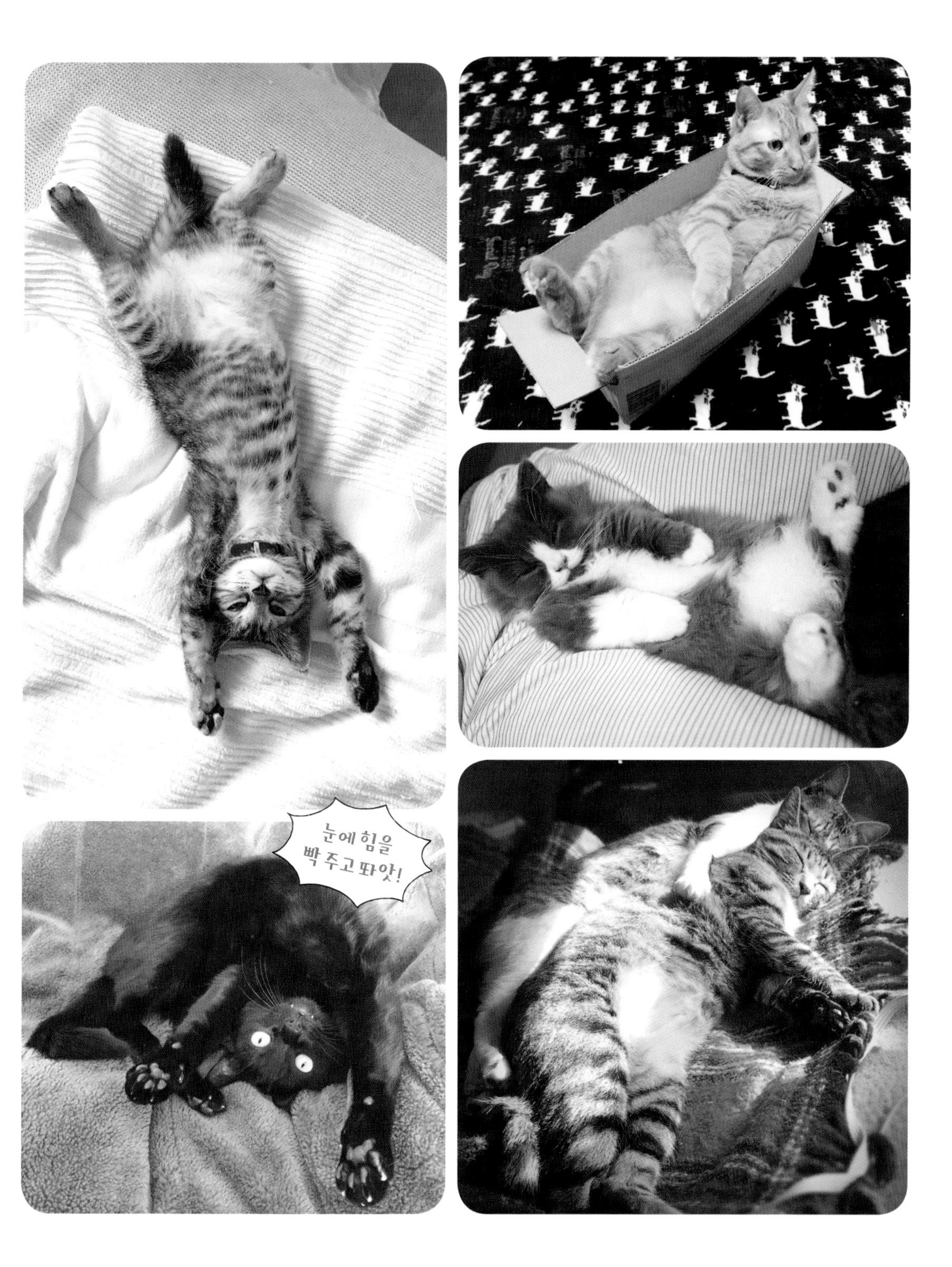
눈에 힘을
빡 주고 따앗!

사이좋게 수중발레를

"바닥이 따뜻하니 기분 좋다냥."

사이타마에 사는 한과 우루

좋아하는 창가에서

나팔꽃이 핀 창가 앞에서 편안한 순간을 즐겨요.

지바에 사는 가나데

야생성은 어디로?

꼭 낀 채로 낮잠에 푹 빠졌어요.

도쿄에 사는 차차마루

바다표범 냥이

거실에서 늘 저런 모습으로 지냅니다.

아키타에 사는 차타로

“덤벼보라냥!”

고양이용 강아지풀을 가지고 집사를 간질간질♪

가나가와에 사는 야에바

베란다 순찰

맑은 날엔 언제나 이불과 함께 말려요♪

지바에 사는 톰

귀여운 발을 가지런히

발라당 누워 잠이 들었어요.

오사카에 사는 쟈타

"꺄아! 너무 좋다냥!"

제 깃털 이불을 독점하고 있어요.

지바에 사는 무

만세!

"으아~, 잘 잤다냥."

오사카에 사는 유즈

"안녕히 주무시라냥."

오늘도 즐거웠나요?

니가타에 사는 고롱

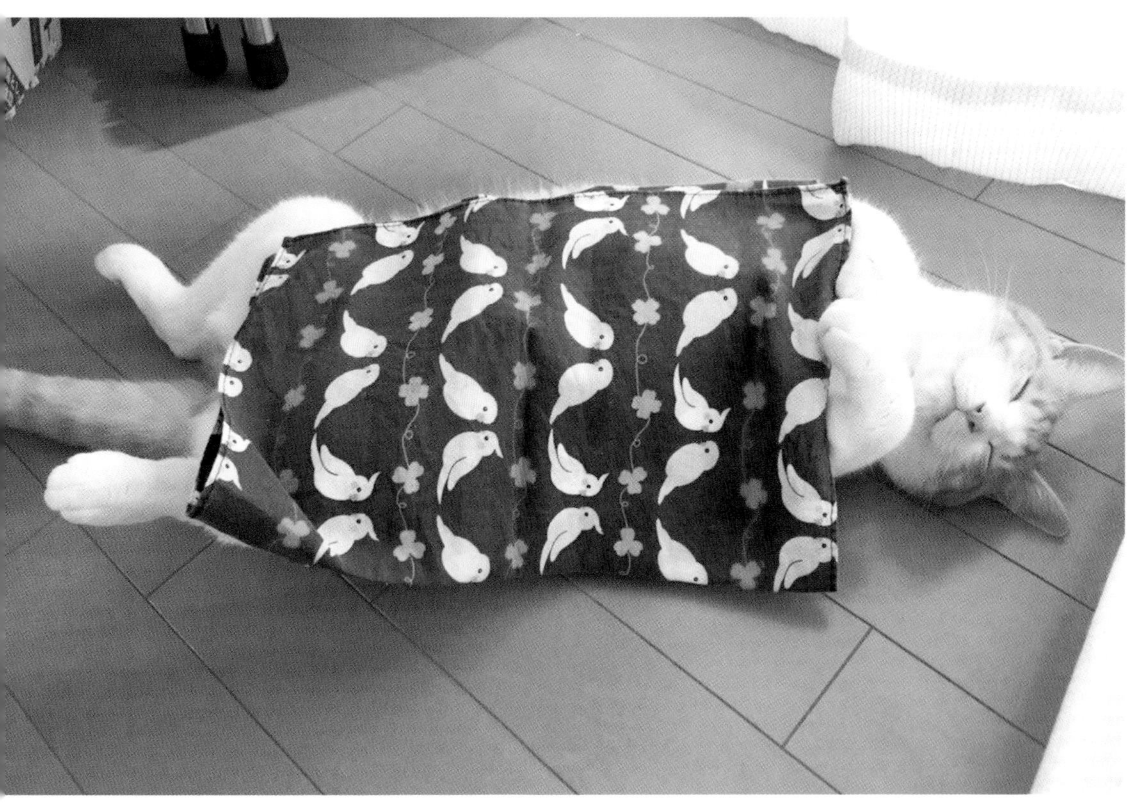

다이내믹 고양이

조용해서 방을 들여다보니 큰대자로 뻗어 있네요.

아오모리에 사는 간모

서로 마주보면서...

"같이 발라당 드러누워 보자냥."

홋카이도에 사는 구루미

발라당은 즐거워~♪

좋아하는 대로 사는 게 최고야. 나는 나라구!

후쿠오카에 사는 파우와 체로

천사 자매 냥이들

발라당이 가득한 평화로운 세상으로!

도쿄에 사는 멜과 미미

발라당 고양이들

펴낸날 | 2023년 3월 15일
지은이 | 스무조
옮긴이 | 홍미화
펴낸곳 | 윌스타일
펴낸이 | 김화수
출판등록 | 제2019-000052호
전화 | 02-725-9597
팩스 | 02-725-0312
이메일 | willcompanybook@naver.com
ISBN | 979-11-85676-72-2 13590

* 잘못된 책은 구입하신 곳에서 바꿔드립니다.